目次

關於封面

在濱田市之旅發現的紅色蘿蔔成了本期封面的主角。
聽說這是老奶奶種植的紅色蘿蔔，
不只有紅色的，還有深紫色、白色和粉紅色等
各種顏色的蘿蔔
胖嘟嘟圓滾滾的很可愛。
攝影師日置武晴把包裝的報紙打開，
就以這種帶著泥土的自然樣貌來拍攝，
成了非常有深度的封面。

U0000445

卷頭散文

「季節的聲音　風的氣息」

山川綠

高原的清晨，拉開遮雨門板，四處都繚繞著乳白色霧氣。布穀鳥的叫聲，穿透濃霧傳來。柔和的宛如木管樂器的音色，好像在對我說「該起床了吧」。不經意地大口深呼吸，草木和土壤濕潤的氣息，滲入了肺與肌膚裡。

從忙亂的雜誌編輯工作退休後，當我思考老後要過什麼日子時，才猛然發覺，自己早荒廢了理所當然的日常生活，一路這麼走了過來。我很渴望能找回點什麼，在邁入花甲之年開始，光是學習怎麼過日子的基本功，勢必成為老年生活的一項功課。趁著退休的契機，我選擇了與都市生活切割，居住往返於娘家所在的湘南海岸小鎮辻堂，以及淺間山南麓的高原，能夠眺望佐久平的鄉里御代田。

儘管隨著季節會調整時間長短，大多是每半個月往返一次。有些人或許受不了如此奔波的兩種生活，不過當我待在離東京不遠的辻堂，主要是上醫院就診、復健按摩等身體保養；另一方面則可以享受與朋友相聚的社交生活；至於在御代田，我則熱心投入玩土之趣，這樣的生活型態，似乎頗合乎我的性情。在體力還許可的範圍，以及剩下這段還有辦法一個人過日子的期間，請讓我再多逍遙一下吧！我在心中默默許願。

信州最好玩的時期，從驟然到訪的春天開始。信州的冬季，嚴峻得連地面都凍結。只有黑與咖啡色調籠罩下的風景，讓人看了惶惶不已。正因為如此，當春天爆出鮮豔色彩，心情也隨之更加雀躍！

彷彿和櫻花比賽誰先登場，問荊冒出一叢叢筆直的孢子莖，我也起身走向田野，摘下大把問荊的葉鞘，享用這略苦的春天滋味。朋友把製作味噌的道具通通帶到我家，釀造一整年份的味噌，也成為春季不可或缺的儀式。

菜田裡，洋蔥、馬鈴薯、大蒜越來越豐腴，等著被採收。當夏季蔬菜熱鬧登場的時候來臨，整座菜園的成長荷爾蒙簡直就快滿出來。清早還只有小指頭粗的小黃瓜，到了傍晚竟然大到五寸。番茄與四季豆亦是如此。想要完全攫取這些上天的恩賜，簡直是不可能的任務，但不想浪費加上貪心，讓我高興得手忙腳亂。就連頑強的雜草，也一發不可收拾。

盂蘭盆節過後，雖然日頭依舊猛烈，入夜後氣溫便急速下降，要伸手找棉被蓋了。就這樣，既漫長又短暫的夏季結束，秋天的腳步靠近了。道路旁被波斯菊染上一望無際的濃豔。秋天最值得期待的，是當地產的松茸。要是今年可以用便宜的價格買到產量過多或有瑕疵的松茸，該有多棒啊！

小鳥們的動向，讓我在意起看似尋常時光更迭的自然界，說不定正持續著各種變化。首先，是麻雀數量異常地增加。新聞報導說，在城市裡築巢的麻雀銳減了，難不成牠們全都大遷徙到御代田附近了嗎？而且也不知道牠們有什麼遠見，我家是候補的第一順位，屋簷下似乎成為築巢的箭靶了。

麻雀溫吞吞並排著窺探我的動向，數量多到簡直要把電線壓彎了。他們企圖趁我不備，交互銜著枯枝野草，塞進屋簷下狹窄的空隙築巢。要怎麼對抗這一波波的攻勢，我也做了準備，揮動竹掃帚、竹竿驅趕就不用說了，還架梯子登高把那些枯枝都掃落，一個人奮力戰鬥，可惜寡不敵眾，回過神才發現，陽臺和車庫的屋簷下，已經吊著破爛的杉玉（譯注：一種用杉葉做成圓球，掛在酒廠門口表示新酒已經開始釀造）般的髒東西。出入我家的植樹師傅說，群馬縣澀川村那邊，去年秋季收成時根本不需要張開網子阻止麻雀偷吃。因為麻雀們好像全都一起逃到涼爽的山上台地。那麼，今年秋天不知會怎麼呢？

到去年為止，我以為自己已經完全掌握了與麻雀攻防的戰術。只要直挺挺像門神般站著，瞪大雙眼，麻雀也會嚇的四散而去，或者用日光照射瞳孔來警告牠們，效果更是卓越。可是今年，這些招數卻行不通了。就算我像歌舞伎名角般使出瞪眼的絕活，專心致志地猛盯著牠們，麻雀卻絲毫不為所動。討厭，難道我眼睛的力道，在一年之間衰退了嗎？

前幾天，我近距離撞見了向來只聞樓梯響、不見人下來的布穀鳥。順著「布、布穀、布、布穀」驚人的叫聲抬頭一望，庭院前的電線上，竟是兩隻相互爭鳴對峙的布穀鳥。個子較鴿子大，比烏鴉小，是黑灰色不起眼的鳥兒。好像連住對面、教我作農的老師洋子都說，她嫁過來這裡三十多年，從沒親眼看過布穀鳥呢！更別說兩隻布穀鳥在吵架的樣子，簡直是絕無僅有。我一定要向她報告，趕緊將望眼鏡揣在手裡守候。

經過一陣鳴叫攻防，當中一隻發出更宏亮的「布、穀」身體便衝撞了過去，一瞬間發展成肉搏戰。布穀鳥又被稱之為「閑古鳥」（譯註：此乃日文中之別名），從前在我印象中，是種叫聲輕緩、靈巧優美的鳥兒。可眼前的布穀鳥，竟是胸部平坦背肌發達的倒三角形？我對牠的近姿大感吃驚，怎麼是隻肌肉發達的鳥呢？

接著我想起牠們特殊的生態習性。多數的布穀鳥會偷偷到其它鳥類的巢裡產卵，不但強迫別人幫忙育嬰，較早孵化的小布穀鳥，還會用背部把其它鳥蛋頂出巢外。我心中不禁回想起，剛孵化還沒長羽毛的雛鳥，把鳥巢裡的蛋用背脊一個個推落的衝擊性畫面。

儘管如此，會跑到田地的民宅庭院爭地盤，顯示出棲息在這附近的布穀鳥密度變高了吧？希望不要是什麼大變化的前兆就好了啊……。

山川綠

20歲出頭與作家山川方夫結婚，丈夫於交通事故中逝世。婚後僅9個月便獨身的山川綠，之後長年擔任新潮社《藝術新潮》雜誌的總編輯。退休後往返於海邊的辻堂、以及高原上的御代田兩個家之間生活。

特集

米澤亞衣的探訪與製作
發掘島根縣・濱田市的食材與魅力

濱田市位於島根縣西邊，是一個被山與海環抱的豐饒之地。
宓綠的群峰延綿在與廣島市相鄰的南邊，蔚藍的日本海往天際開展。
在大自然的恩澤下，濱田市成為各種農林水產品的寶庫。
多樣的食材吸引了米澤亞衣。
第四次來到濱田市的米澤亞衣在短短的兩天一夜裡，為了找尋美味的食物
在與東京23區同樣大小的濱田市裡上山下海，
用這些迷人的食材做出義大利菜。

攝影－日置武晴　文－高橋良枝　翻譯－蘇文淑

農家民宿媽媽直傳的方塊壽司作法

農家民宿「茅葺之緣」隱身在蔥綠的山林裡，米澤亞衣以前曾經來這裡住過。這一次，她又再度造訪茅葺之緣，因為她說「我想學那道方塊壽司的作法」。

屋子後是茂密濃綠的森林，庭院前有一片廣闊的水稻田，清爽的涼風吹過了簷廊，寬深的茅草屋頂，擋住了太陽光，為屋內與簷廊帶來舒適的涼意。

坐在清風吹拂的榻榻米上吃的簡單料理是以在民宿土地上摘採的山野菜為主做成的。溫和的滋味讓人身心放鬆。

方塊壽司上用了花豆和桃色、嫩綠色的澱粉點綴，當地在招待貴客或舉辦祭典時都會準備這一道菜。在這裡，可以在有著茅草屋頂的簷廊上學做味噌，也可以在山林間散步，夜晚則在星空與蟲鳴的圍繞下度過。

上／對疲憊的都會人來說，除了稻田和森林外什麼也看不到的「茅葺之緣」或許是一方綠洲。左／從入口處往「茅葺之緣」望去。附近山林有山野菜跟山菜遍生，民宿的爸爸會教如何辨認植物。

農家民宿「茅葺之緣」

〒697-1203
島根縣濱田市彌榮町高內イ162-2
電話・傳真　＋81-855-48-2283

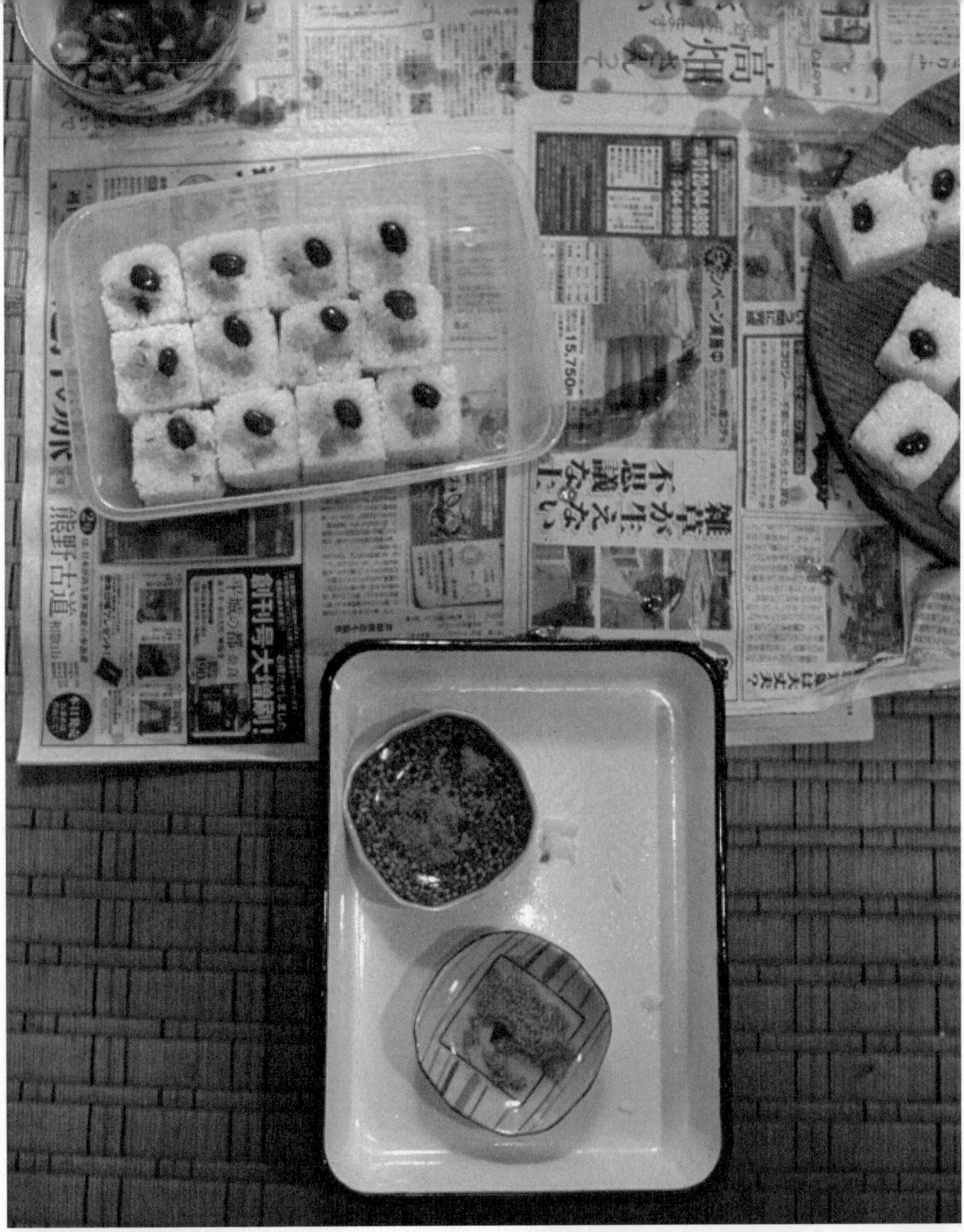

米澤亞衣在民宿老闆的教導下邊學邊做，已經快做好了。

上／在清風吹過的榻榻米房裡用餐。
右／除了方塊壽司之外，還搭配了滷菜、沒濾掉水分的手工豆腐、沙拉、清湯、醃菜和涼粉條。

方塊壽司食譜

在附近80歲的藤子婆婆加入後，有著將方塊壽司的作法從上上一輩傳給這一代的氣氛。加在壽司內的餡料和點綴壽司的作法，會隨著不同季節和各個家庭，而有些不一樣，但主要都是呈現花的意象。

一 捏壽司之前，先把牛蒡、紅蘿蔔、乾香菇、筍子等切成條狀，煮成鹹甜口味。每戶人家的食材都不太一樣，不同季節也會變動。

二 把壽司飯攤在手心上，正中央擺上①的食材，像捏三角飯糰一樣從外往裡頭包，捏成一個丸子狀。

三 由右而左依序為藤子婆婆、米澤跟茅葺之緣的純子媽媽。她們正將②擺進壽司模具裡。

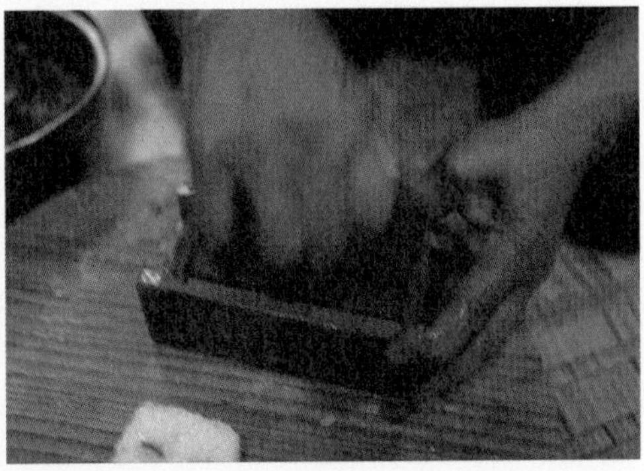

四 擺進模具後，從上方輕輕往下壓。手勁該多大多小應該來自於長年的經驗，和個人習慣吧！

五 在壓好的壽司上擺上裝飾。今天用的是煮花豆和雙色魚鬆。花豆稍微往旁邊擺，不要擺在正中央。

六 把壽司從模具裡倒出來的步驟看起來好像很簡單，但其實需要技巧。脫模後，用桃色跟嫩綠色的魚鬆來表現花朵意象。

七 接著就是把方塊壽司擺盤了。
在盤子上鋪張細竹葉，擺盤時也別忘了要呈現出野花的感覺唷！

終 做完後的飯桶跟模具。這些模具有的是自己做，有的是找人訂做，不過一般都做成了這種大小。理由可能是因為這個尺寸很可愛，入口時也很方便吧！

尋訪濱田市的美好滋味

濱田市的山珍海味散落在遼闊的土地上，米澤亞衣尋訪山林深處的梯田和水花片片的海濱。

用這麼大的蕎麥刀切細絲其實很不容易，不過米澤亞衣不愧是料理家，刀工俐落漂亮。

蕎麥麵試作體驗

這間鄉林體驗村裡有從其他地方移築過來的古老民宅。在這裡的研修坊裡，米澤亞衣第一次做蕎麥麵。感覺住在這裡、體驗各種活動肯定也很有趣。賣場裡可以買到當地特產、純天然的番茄汁、筍乾跟櫻鱒活魚唷！

鄉林體驗村
〒697-1212
島根縣濱田市彌榮町三里ハ159
電話 +81-855-48-2612
傳真 +81-855-48-2307

石州和紙

島根縣西邊被稱為石州，以石州瓦聞名。濱田市三隅町生產的石州半紙被日本列為重要的無形文化財，目前仍有四家業者堅守這項製作傳統。圖為在陽光下曝曬和紙的光景。

梅林公園

濱田市在1972年打造了這座市立的「梅林公園」。據市公所職員岡田先生表示：「當地人結婚或入學時都會來種樹紀念，目前已有7種種類、共1018棵梅樹。」市民在初夏時都會來這裡玩，也會舉辦採梅等活動。

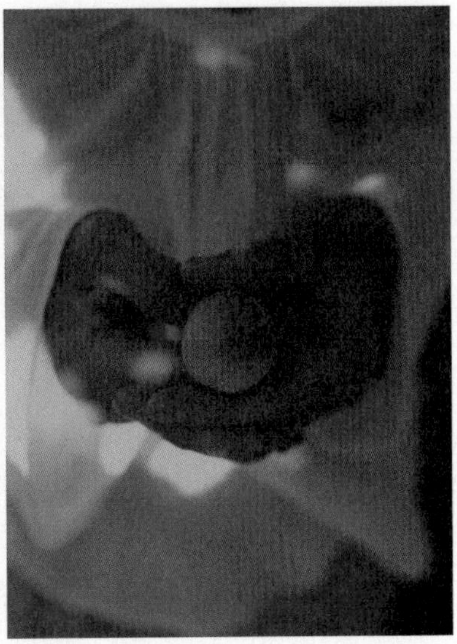

早春時分，7種不同梅樹的花兒一同綻放的美景很動人吧？現在已經長出飽滿結實的梅子了。

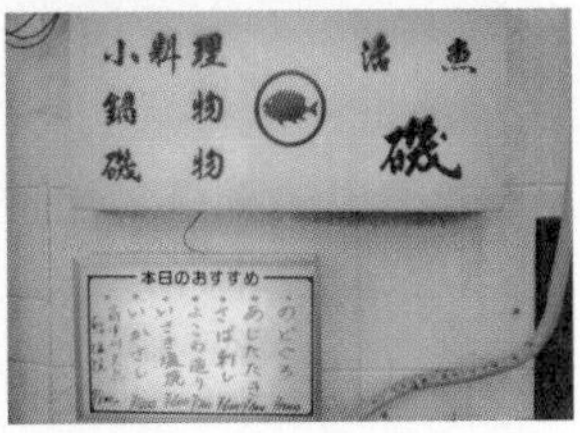

晚餐

「來到濱田，怎麼可以不吃日本海的鮮魚！」於是我們到了這家濱海餐廳「磯料理」。八月中旬剛過，正當肥美的紅喉被店家豪爽地大刀切塊，做成滷魚。我們大啖海鮮，還吃了鯵魚、魷魚、紅喉生魚片、炸石狗公與叫做「花笠螺」的貝類做成的炊飯。

磯料理・磯
〒697-0027
島根縣濱田市殿町新橋通
電話　+81-855-22-1565

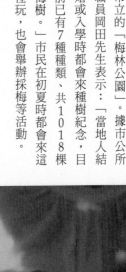

石見神樂魚乾

石見神樂是石見地區的一種祭典舞樂，當地方言講成「Donchicchi」。「佐伯」這家店專賣將濱田海裡的各種魚類做成的魚乾。我們去時，店家正好在做紅喉跟竹莢魚（鰺魚）的魚乾。專精海鮮乾貨製作的佐伯社長請我們試吃他引以為豪的商品。魚乾的油脂和鹹味都恰到好處。

佐伯有限公司
〒697-0027
島根縣濱田市殿町35-2
電話 +81-855-22-1271
傳真 +81-855-22-1638

右上／讓濱田市民引以為傲的碧藍日本海。下／佐伯自傲的魚乾商品「石見神樂竹莢魚魚乾」。這種魚以「石州竹莢魚」的名號享譽日本。右／被剖開鹽漬的紅喉。

上／濱田的婦女充滿朝氣地用熟練的動作加工魚乾。右／把竹莢魚跟紅喉去掉內臟後，洗乾淨，一條條灑鹽擺進大桶子裡。下／正在聽社長講解的米澤亞衣。

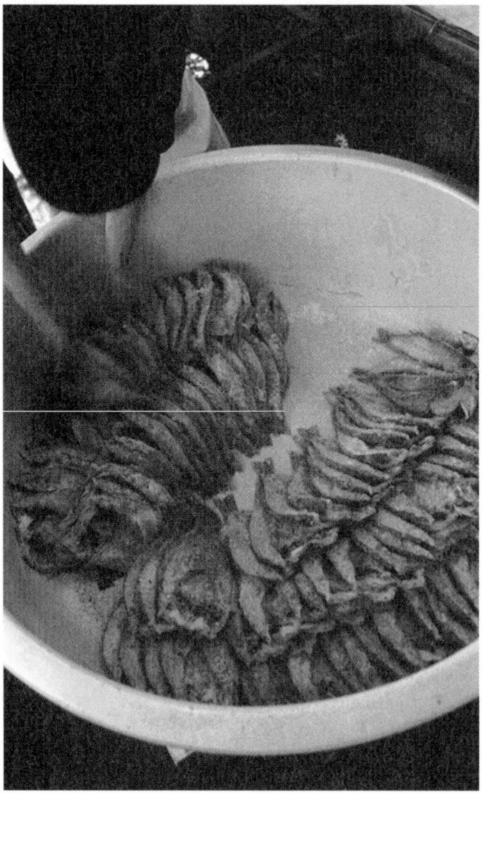

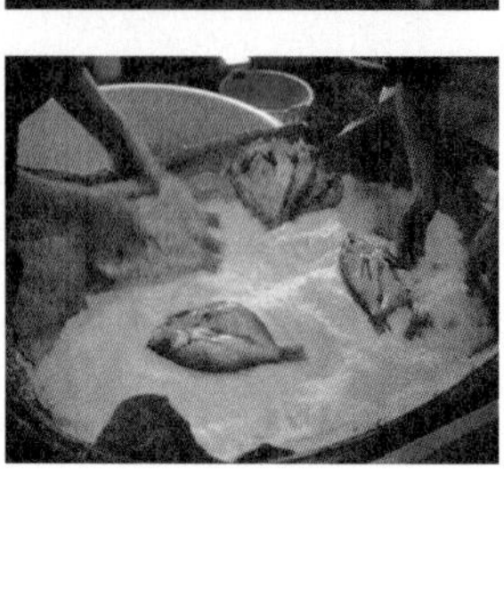

水產品直銷中心

漁港附近的鮮魚市場裡有許多店家，每家專攻的業務範圍好像都不太一樣。我們這次拜訪的是米澤亞衣先前曾光顧過的山末鮮魚店，她這次也順便了解一些工作相關知識。她買了海鰻回去料理教室使用，也買了紅喉跟竹莢魚來拍照用。

山末鮮魚店
〒697-0017
島根縣濱田市原井町3025
電話　+81-855-23-0291（中午前）

魚市場的老闆娘個個都是生氣蓬勃的工作者。如果在那裡是發現沒看過的魚貨，想知道怎麼煮食，儘管大方開口問，老闆娘都會很熱心分享。

直銷中心的魚店前羅列著各種日本海的新鮮漁獲。今天的進貨已經賣得差不多了，只剩下這幾種，數量也不多。如果要去請趁早，選項會比較多。

米澤亞衣跟帶領藻鹽團隊的笹田先生及其成員聊天。拓郎23歲，英二26歲。

海守藻鹽

濱田的年輕人「希望從事與濱田的大海有關係的工作」。所以開始製作藻鹽。帶頭的是35歲的笹田卓。米澤亞衣很喜歡一種叫做「搗布」的海藻和濱田淨美的海水燒製而成的藻鹽。

生活在濱田之海協會
〒697-0051
島根縣濱田市瀨戶島町138-6
電話　+81-0855-28-7212

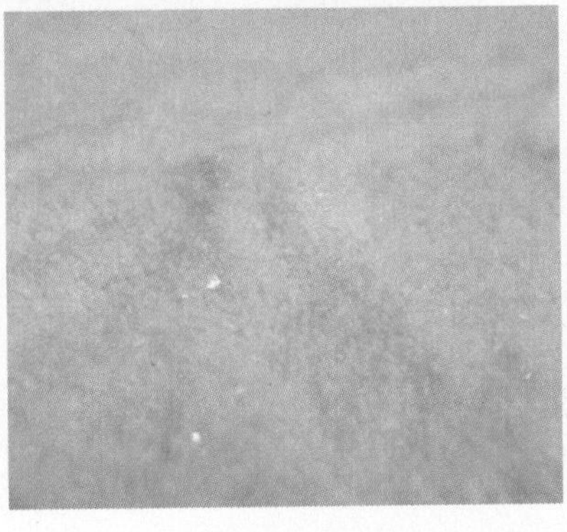

蜂蜜

中山先生繼承了果樹農場後，開始養殖蜜蜂。他採集來自柿子樹、日本女貞、金合歡、蛇葡萄等樹種被稱為「幻之蜜」的花蜜。他還在山丘頂上蓋了間小木屋咖啡店，供應使用自家水果及花蜜做成的披薩及蛋糕，非常美味。

中山農園
〒697-0007
島根縣濱田市高佐町778
電話・傳真　+81-855-28-7808

中山先生笑著說「員工500萬個，因為有100箱蜂巢。」

試吃採自不同花卉的蜂蜜。

米澤亞衣興味盎然地看著店家用玻璃片隔起，讓客人觀察蜜蜂活動的蜂巢。

梯田

位於濱田市都川的梯田被選為日本梯田百景之一，現場的情況有點超乎我們的想像。這兒的梯田像石城的城垣一般，坐落在頂頭的梯田主人的屋子簡直像眺望台一樣，威風凜凜地往下望。我們後來聽說「兩百多年前，武士來這裡製鐵時順便用築城技術開闢了這些梯田。」才恍然大悟。旭區的山林裡還有好幾處這樣的梯田，有些雜草拔得很乾淨，有些雜草茂密得連石壁都看不見。梯田的擁有者紛紛老去，而梯田的存續也面臨了危機。

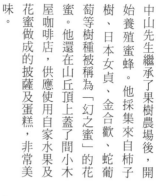

原木菇

岩地正男說：「種香菇的環境必須擁有足夠的濕氣和從樹梢間洩下的陽光。」他連續兩年榮獲島根縣乾香菇品評會頒發金獎，實力堅強。島根縣的原木栽培地位於鄰近廣島縣的縣境山區裡。鋪上了鬆軟落葉的山林裡，靜靜地擺放了用來栽培香菇的段木。

原木菇　岩地正男
〒697-0427
島根縣濱田市旭町木田931

岩地正男說這種擺法叫做「百足伏」。種植香菇的原木以麻櫟最佳，此外諸如橡樹等樹種也很適合。

蔬菜

濱田市的農家會將當天早上摘採的蔬果，拿到當地的JA金彩市場販售，每樣當令新鮮蔬菜都標示了生產者的名字。這期《日々》封面用的小紅蘿蔔，就是在這裡買的。

產地直銷金彩市場　黑川店
〒697-0024
島根縣濱田市黑川町3741
電話　+81-855-22-8827
傳真　+81-855-22-0204

很喜歡蔬菜的米澤手上正拿著蔬果仔細端詳。當地盛產各種夏季蔬菜。

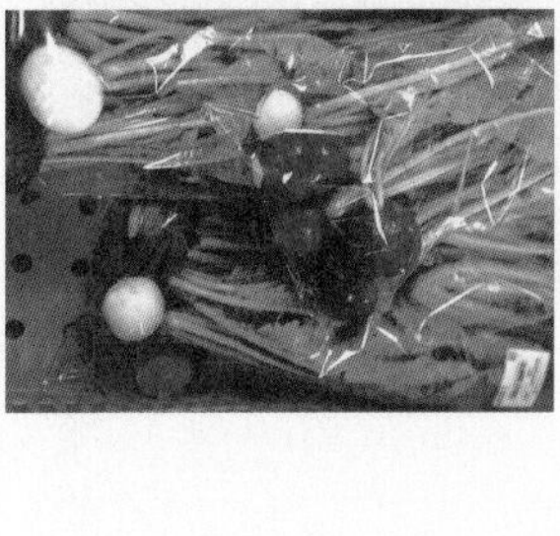

採訪協力・濱田市公所

器之履歷書❷

三谷龍二（木工設計師）

教堂木雕裝飾

文・照片—三谷龍二　翻譯—王淑儀

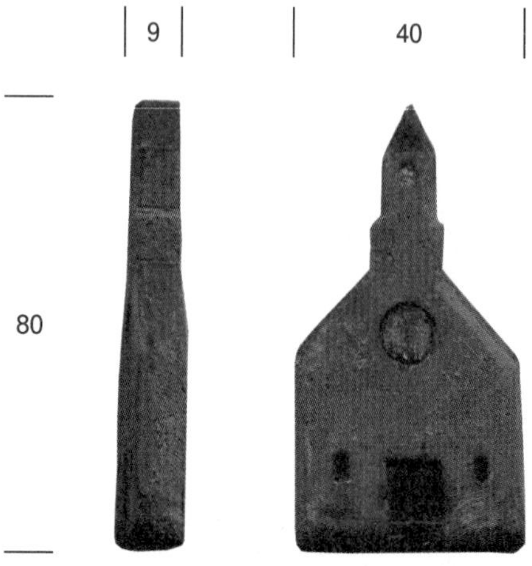

材質→山櫻　塗裝→壓克力塗料

我的木工設計工作是從做小擺飾開始的。當時我沒有什麼錢，無法弄一個工作室，只好在我住的市營住宅裡挪出一個房間作為工作室，「就想想從這裡可以做的事情」以此為出發點。

我想到可以做的是用木頭雕刻上色的小擺飾。木材就請材料行幫我切出所需要的厚度，剛好附近有線鋸木匠，我想這樣應該就沒問題了吧，於是就這樣開始了。

一般要做木工設計相關的工作，首先得要有間工作室，有基本使用的木工機械，還要有錢可以買大型木材等才能開始，但我在經濟不許可的狀態下，無法有完全的準備，但還是以自己覺得可行的方式開始，涉入這個世界。我進入木工世界的入口也許跟其他人有些不一樣，這有利也有弊，我想凡事都是如此吧！

我做過各種的小擺飾。有一陣子流行不再捕捉活鳥來做標本，以木頭的仿真雕刻取代，我為了要雕出鳥的擺飾，還去參加過賞鳥會，也曾到可愛動物園去素描松鼠、兔子、山羊、綿羊等等，再回家做出動物系列的擺飾。

這些作品後來拿去附近觀光區的飯店、民宿寄售。那時也已經開始在做食器，但有很長一段時間消費者是完全沒有反應的。這些食器作品就擺在店裡放了很久，還有個奶油盒最後變得超髒才被退了回來。

這個教堂小擺飾是屬於「童年回憶」系列的一件作品。過去東德也生產大量品質優良的木製玩具，因為質感很好，不只小孩子，連大人也都很喜歡。不論是買來送給小朋友還是做為小禮物送人都好。只要是用心去做，就能做出好東西，當時我是這麼想的，於是就做了許多跟孩子有關係的作品，例如音樂盒、離乳食餐具等等，這件裝飾品也是其中一件。

其他還有堆雪球的少女、滑雪車的少年、聖誕老人、天使、抱著洋娃娃的小女孩等。

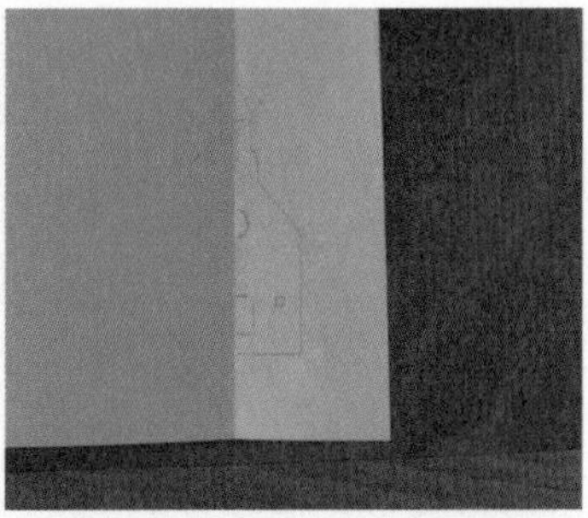

1 準備一張白紙，對半摺，以摺線為中心，畫出半邊的教堂。

2 將紙折疊起來，讓畫疊至左半邊，透著光以鉛筆描出完整的圖。之後以噴膠將紙黏在木板上。

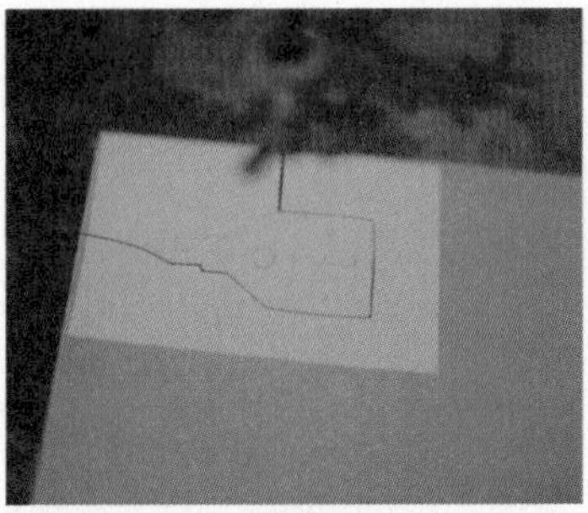

3 沿著線，以線鋸鋸出形狀。

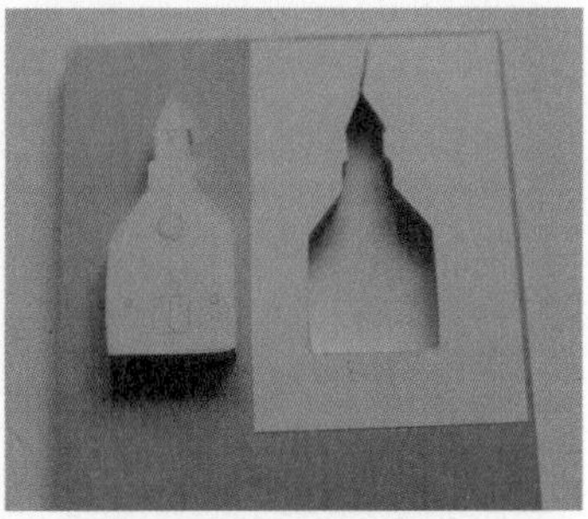

4 鋸出來的木塊大概是這種感覺。撕去上頭的紙，以雕刻刀刻出門窗。

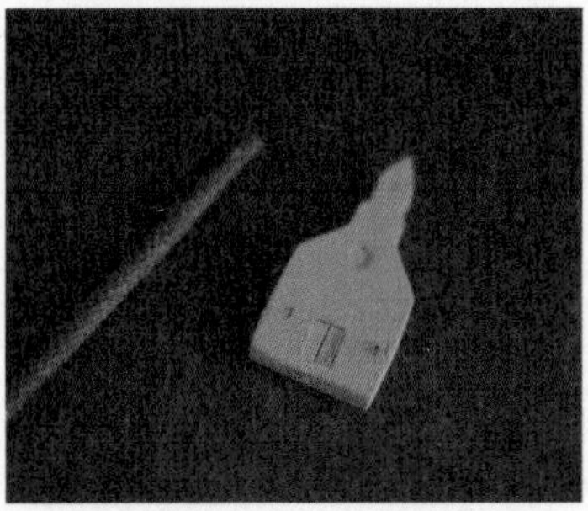

5 再以銼刀磨去尖角，平面的部分也以銼刀磨過。

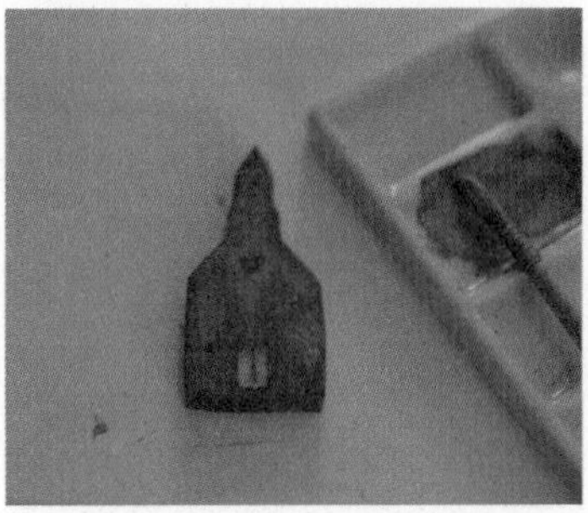

6 以壓克力塗料上色。為了製造出石材建築物的質感，在塗料裡混進草木灰。

別在羊毛氈製的肩背布包上的小教堂。

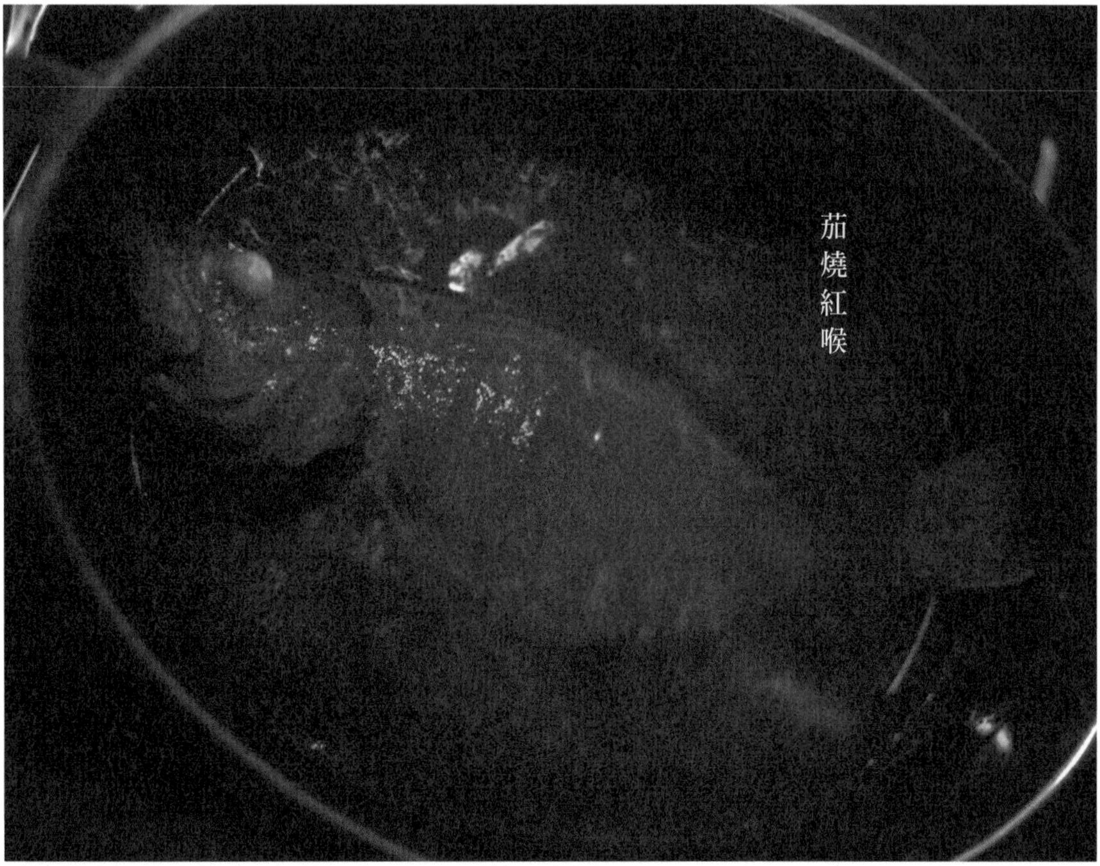

茄燒紅喉

用濱田市食材做的義大利日日家常菜

這一回，我們提供〈義大利日日家常菜〉的加長版囉！
到底米澤亞衣會把濱田市的食材
幻化成什麼樣的美食呢？
真令人期待。
最後如現在所見，變成義大利菜了！
用乾香菇跟筍乾做成的那兩道煨菜
簡直讓人驚奇又感動。
真是完美地把濱田市食材帶往義大利美食之路呢！

料理．造型—米澤亞衣　攝影—日置武晴
翻譯—蘇文淑

葡萄柚漬生竹莢魚

煨筍乾
煨乾菇

枇杷佛卡夏

茄燒紅喉

來自濱田大海的鮮美紅喉，搭配天然番茄汁

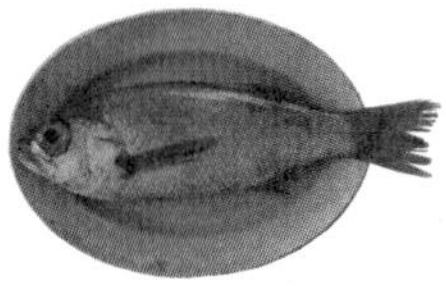

■材料（4人份）

紅喉　1大尾
番茄汁　2L
大蒜　1瓣
辣椒粉　少許
特級初榨橄欖油　適量

■作法

紅喉去掉內臟，用流水洗淨後擦乾。
找個能放入整條魚的大鍋子，先把番茄汁、大蒜、辣椒粉（或整條紅辣椒）和粗鹽丟進去，煮滾。
滾後放入紅喉，轉強火。
邊煮邊用湯杓舀起煮汁來淋在魚上，等到朝上的這一面也煮熟後（可用燒烤用的鐵串刺進去看看，會熱的話就熟了）關火。
調整鹹淡。拿個湯盤擺上去，淋上特級初榨橄欖油即可。

葡萄柚漬生竹莢魚

來自濱田大海的竹莢魚與葡萄柚

■材料（4人份）

竹莢魚　2大尾或4小尾
鹽　適量
葡萄柚　2顆
薄荷　5g
特級初榨橄欖油　2大匙
粗鹽　適量

■作法

葡萄柚去皮，連接近果肉的那層薄皮也要去掉。果肉冰進冰箱。
把竹莢魚頭、內臟及靠近魚尾那一段硬骨去掉後，洗乾淨片成三片，接著去骨，兩面均勻灑上鹽巴後放在網架上，放入冰箱。
冰鎮30分鐘後，拿出來用鹽水洗淨，擦乾後並置於料理盤上。
將半顆葡萄柚榨汁後淋在竹莢魚上，放入冰箱，冰漬10分鐘。
將竹莢魚的魚皮去掉，切成適合入口的大小後擺盤。
灑上切碎的薄荷葉，並淋上特級初榨橄欖油後拌勻。
在剩餘的葡萄柚上淋點特級初榨橄欖油，灑上鹽巴，擺在竹莢魚上即可。

煨乾菇

原木栽種的乾香菇

■材料（4人份）

乾香菇　12朵
大蒜　1瓣
特級初榨橄欖油　2大匙
紅酒醋　2大匙
黑胡椒顆粒　½小匙
粗鹽　適量

■作法

乾香菇洗淨後泡水，水分需淹過香菇，靜置於冰箱一晚。
切掉香菇梗。
在平底鍋或寬口的鍋子，放入壓碎的大蒜，倒進特級初榨橄欖油後開小火爆香，香味一出來便把香菇放進去，蓋上鍋蓋蒸煮。

等香菇帶上了一點光澤後，撒上粗鹽跟黑胡椒顆粒，倒進浸泡香菇的水至可淹過香菇的程度後，蓋上鍋蓋，用最小的火煨煮。
視所用的香菇大小跟厚薄來調整煨煮的時間。小朵的可以煨一個小時，大朵或較肥厚的可以煨兩個多小時。慢慢煨到入味為止。中途如果湯汁收乾，就再加點香菇水或自來水。
煨到香菇變軟後，調整鹹度，接著淋上紅酒醋，續煮至收汁。
這道菜可以溫溫地吃，或冰涼了後吃。

煨筍乾

鄉林體驗村的筍乾

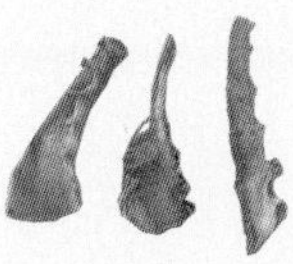

■材料（4人份）

筍乾　20g
大蒜　1瓣
迷迭香　1根
特級初榨橄欖油　2大匙
紅酒醋　1大匙
白胡椒顆粒　¼小匙
粗鹽　適量

■作法

同煨乾菇。
最初的步驟將迷迭香跟大蒜一起爆香。
煮好後，把迷迭香取出。

枇杷佛卡夏

中山農園的枇杷與蜂蜜

■材料（4人份）

高筋麵粉　200g
溫水　120g
乾燥酵母　2g
蜂蜜（最後澆淋）　10g＋適量
鹽　4g
特級初榨橄欖油　10g
粗鹽（最後灑上）　適量
特級初榨橄欖油（最後澆淋）　適量
枇杷　2～4顆
肉桂條　適量

■作法

將麵粉倒入調理盆裡，堆成一座小山，中間挖個大洞，加入乾燥酵母跟蜂蜜。大洞旁也挖些小洞，倒入鹽巴。
將溫水緩緩倒入大洞裡，用湯匙從內往外拌勻。
用相同的作法把鹽洞由內往外拌，中途淋點特級初榨橄欖油後繼續拌揉。
拌到盆中麵粉都揉進了麵團裡，盆子變得很乾淨後，把手洗淨。
將麵團移到木製砧板上，擀到表面光滑後把合起來的褶痕朝下擺，滾圓並塗上一點特級初榨橄欖油，放入調理盆中。
蓋上保鮮膜，靜置於溫暖處40～60分鐘，等到麵團發酵成大概兩倍大後，往中心點輕輕一壓，讓空氣跑出去，接著在烤盤或派盤上塗上特級初榨橄欖油，將麵團擺上去。用指腹推勻。
包上保鮮膜，靜置於溫暖處約30分鐘，等它膨脹成大約兩倍高。
將枇杷去皮、去籽後隨意切塊。
在麵團上壓出很多凹穴，把枇杷擺上去，淋上特級初榨橄欖油並灑上粗鹽。
在麵團上噴點水後放入預熱至220℃的烤箱中烤15分鐘左右，中途每隔5分鐘就灑點水，續烤。
烤成淡褐色後取出。淋上蜂蜜，用肉桂條磨點粉灑上。將佛卡夏麵包置於網架上散熱。

留存在飛田和緒印象中的⑨

伴手禮

文—飛田和緒　攝影—日置武晴　翻譯—褚炫初

熊本的馬肉

每年我們會舉辦一次，只有女人參加的馬肉餐會。一個很熱衷到熊本山鹿市八千代座（譯註：建造於1910年的劇院，曾經一度荒廢，後經由市民運動重建，是日本少有保存至今的傳統戲院建築樣式。被指定為國家重要文化財產。）看戲的朋友，被在當地吃到的馬肉深深感動，進而養成送禮給我的習慣。一吃之下，滋味真的和我至今吃過的馬肉完全不同。油脂的鮮味恰到好處，入口即化，肉質吃起來完全沒有腥味。由於聽說用涮的最好吃，於是我總會邀人共享並成了慣例。首先，馬肉要生吃。把鬃毛部位的油花切得極為薄透，沾柚子胡椒、麻油和鹽巴做的醬料享用。雖然蒜頭醬油也行，但我認為馬肉還是要這樣吃才對，配酒非常對味。吃完生馬肉才開始涮涮鍋，讓肉在昆布湯頭裡飄呀飄的悠游。加熱後的馬肉嚼起來的口感以及滿滿昆布的鮮美，讓人欲罷不能。

親手做的伽羅蕗

因為職業關係，經常會收到好吃的禮物，不過親手製作的，卻少得可憐。大家總把這樣對料理專家太失禮啦、或者很難為情之類的掛在嘴上。聽了其實挺落寞。畢竟有什麼能比一片真心親手做的滋味更讓人銘感五內？在工作上，我一路追求著美味與食慾，最近卻深刻感覺，我所愛的其實不是做菜，而是吃飯，「吃」才是我的原動力；還有身邊有人分享這份美味，也很重要。我是這麼認為的。這是比我年長的編輯所做的伽羅蕗（譯註：蕗是一種原產於日本的山菜，伽羅是沉香中最高等級，顏色暗沉，在此用來形容這道料理的顏色）。被滷到黑溜溜的蕗可以拿來當茶點，也可以配飯。傳遞著媽媽的溫暖滋味。

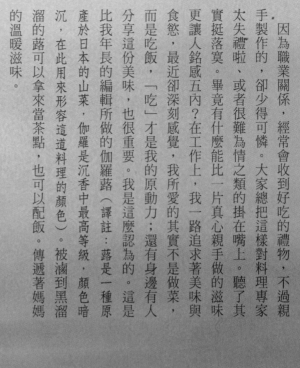

熊本的馬肉
FOOD SERVICE MURAKAMI
熊本縣山鹿市山鹿1698番地
☎ +81-968-43-3116

找尋人生中最大件的美感生活用品

在北歐或日本旅行時，常常對當地居民的公寓宅感到欣羨。那些造型符合當代品味、用色活力、設計感不著痕跡的小房子，時時引發自己想像住在裡面的情境：客廳會擺放什麼家具款式、櫃子會出現些什麼樣的生活道具……這些自己精心挑選的小物件可以自在生活在一個風味契合的空間中。

然而回到台北，一樣的生活器皿放在家中總覺得有違和感。我發現問題在於建築美學與空間運用上。台灣建築業往往以公式複製房子，因此公寓美學是千篇一律的；空間規劃常為了多隔出一個房間，於是客廳變小、餐廳只是過道一隅、廚房擁擠狹隘，這些家人互動最深、使用頻度最高的空間，全都失去該有的舒適與被佈置的可能。

即使現狀如此，並不代表我們想放棄找好看又有大空間的房子。終於，有有心人懂得居住者的想望，延請德國建築師Philipp Mainzer，企劃一座經濟型精品公寓Big Apartment，以國際化生活方式構思，讓小公寓擁有超尺度大客廳；熱愛烹飪的人如我，可以放下6米長廚具跟20人座長餐桌，空間依綽綽有餘，為小宅掀起空間革命。

小至器皿大至公寓，只要具備用心的設計，這些生活道具就能以令人無法忽視的姿態存在著。只要有了這最大件的生活容器，我們就可以繼續旅行逛街、繼續與美好物件相逢。因為，它們都會有一個最契合的歸屬。

Big Apartment

26－46坪　水碓別墅區

Philipp Mainzer／建築學人作品
電話　02-22919700
archi-pur.com

建築學人1號作品／
The HOUSE獨棟私人別墅
建築學人2號作品／
Big Apartment經濟型精品公寓

Big Apartment 樣品屋實景照片

梅酒屋
6月6日 盛大開幕
未滿18歲禁止飲酒
台北市赤峰街17巷7號 02-2559-6852 facebook:umeshuyatw

桃居・廣瀨一郎
此刻的關注⑯

探訪 長谷川奈津的工作室

長谷川奈津的器皿在簡單的造型中包覆著強韌的心，十分受到歡迎。學生時代開始培養出優秀的造型能力以及她對創作器皿最直接的想法，成就出她常被稱作是正統派的作品。

文—草苅敦子　攝影—日置武晴　翻譯—王淑儀

「小奈」，廣瀨一郎對長谷川奈津的暱稱。這親暱的稱呼中，充滿像是守護家人或朋友般的親切感。長谷川奈津自95年開始師事於4年前急逝的陶藝家青木亮。青木亮與桃居有著深切的緣分，廣瀨一郎與長谷川奈津也是從那個時候認識至今，已將近15年。以從事器物製作的人來說，有東京藝大研究所學歷的長谷川奈津有點與眾不同。

「一般提到藝大，都會讓人聯想到應用繪付、鑲嵌等技法的作品，這一點，小奈倒是很不像藝大人呢！」

「單純是因為我不會而已啦！」她一臉不好意思地笑道。

長谷川奈津是在學生時代透過朋友介紹而認識了青木亮，在被他的作品吸引的同時，也覺得這位老師真是個有趣的人。

採訪中，與長谷川奈津一起生活的老犬阿六一直湊過來撒嬌。

研究所畢業後，她在陶藝教室當講師，同時去青木亮位在藤野的工作室學習了兩年半，過著天天作陶的日子。

之後，獨立出來的長谷川奈津租了間古民家作為工作室，在工作室的中央有一台笨重的腳踏轆轤，很難想像瘦弱的她如何能駕馭這麼大的機器。

「只要調整好速度，轉動時的聲音非常悅耳。不過現在因為我會背痛，已經很少用這台了。」現在她使用電動轆轤以降低身體負荷，但也慢慢地為了再度

工作室同時也是客廳的後方，是間帶有懷舊趣味的廚房。其中一隅有個存在感十足、難得一見、方正的微波爐。「這台在我家已使用30年了，現在也還能用。照片中的貓先前是與《日々》no.8裡曾拜訪過的小野寺秋一同生活，後來搬到這裡，再次於《日々》中登場。

十分直接而單純的形狀。這樣姿態，似乎能讓觀賞它、使用它的人感到心情沉靜平穩。

讓腳踏轆轤投入生產而做準備。

「我認為，陶瓷器界之中也有主流與非主流之分。主流的代表作家有青木亮、小野哲平等，而他們的下一個世代的代表則是小奈。」今日非主流派紛紛追求著標新立異，「當然，主流非主流共同存在，文化才得以成立，但像是青木亮或是小奈這樣理所當然製作著主流派陶瓷器的人已漸漸成為少數了。」廣瀨一郎說道。

長谷川奈津的器皿十分靜謐，實在而直率，不刻意引人注意，作品以碗、缽、片口為主；技法上，雖然也不乏灰釉、鐵釉，但似乎還是偏愛粉引等技法製作出來的白色器皿。「我沒有特別去意識自己的定位為何，只是喜歡這種不是表面的，而是去追尋器皿本質的工作。」適合在日常飲食使用的樸質器皿，使用它便是最好的對待方式。她的陶器不論什麼樣的料理都很適合，不會挑使用者。只是有些器皿雖簡單卻也不容易駕馭。

「當然會很在意自己製作的器皿是怎樣被接受，但在製作的當下，是不能將雜念放入作品中。」廣瀨一郎以樹來比喻。

長谷川奈津

1967年生於東京葛飾柴又。於武藏野美術大學雕刻科一年級時轉學到東京藝術大學工藝科，最後畢業於該大學陶藝研究所。1995年起師事於陶藝家青木亮，這個時期便開始參加個展或聯展，發表作品。1997年於神奈川縣相模原建立工作室，獨立作業。

廣瀨一郎看了工作室一圈，驚訝地說「未免也整理得太整齊了吧！」
長谷川奈津回答：「先前像是被狗狗闖入大作亂般杯盤狼藉呢！」

位在主屋旁的窯場，後面與山連成一片，綠意盎然，像是一座廣大的庭院。

窯場裡有瓦斯窯與煤油窯。主要在用的是這個瓦斯窯，但想要做柴燒的作品時，就會開這個煤油窯，丟柴薪去燒。

「一棵樹得先有樹幹，才能開枝散葉。小奈並非依賴主流這個安全穩重的樹幹，而是以真摯的心來交流。」在訪問的過程中，有一段她與廣瀨一郎聊起今後想做的事情。「我想要製作茶器。」

包括廣瀨一郎在內，有不少人都對她要在如今這個時代裡投入茶器的世界，可以預見的困難而感到憂心。然而她卻以安靜中透露著她的熱情，述說著用自己的作品泡茶，可以感受到的好壞優劣；不論是在製作碗、缽、向付（生魚片皿）還是花器等等器皿的時候，其實一切她心中的理想形象都是茶器。

「學生時代去學茶道時的心情，至今還留在心中，我可以感覺到自己是真的好喜歡泡茶的那個空間。現在我很想要製作適合在那個空間裡出現的器皿，這樣的心情非常直接地湧現。」

「既然有這麼強烈的感受，應該就去做吧！小奈這種想要創作的衝動是很珍貴的。」

這一天，剛好是展示會結束，這一輪的創作週期告一段落。在久違的大掃除後，工作室煥然一新，也為新作品的誕生做好準備。回應心中的想望，強勁而直接的作品即將自此誕生。

土的神情，滿溢著力量、質樸與美

文—廣瀨一郎　翻譯—王淑儀

說到陶瓷器的根基為何？顯現的就是土、水與火這些自然因素。要駕御這些素材，需透過手與手指，若將這項身體因素視為對人而言的第二個自然來思考的話，就會發現在陶瓷器基底下支撐的，除了自然之外，別無他物。長谷川奈津的片口便是與這樣的想法正面以對，因而滿溢著質樸、不加任何矯飾的自然之美。

■160×130×高70㎜

「直球式的作品」、「風格顯著的器皿」。這些都是在觀賞長谷川奈津的作品時，第一時間浮現的形容詞。在現今這個時代，變化球般的作品、追求特殊效果的器皿很容易吸引眾人的注意，然而這些碗是陶土通過高溫的考驗，展現出堅毅的表情，所顯現的不就是陶瓷器的原點——「確實」嗎？長谷川奈津外表看來雖是那樣柔弱纖細，但我想其中心應該是像質地純正的鋼鐵才有的、帶有彈性的剛強吧！

右起
■直徑125×高68mm
■直徑137×高68mm
■直徑125×高70mm

桃居
東京都港區西麻布2-25-31
☎+81-3-3797-4494
週日、週一、例假日公休
http://www.toukyo.com/
廣瀨一郎以個人審美觀選出當代創作者的作品，寬敞的店內空間讓展示品更顯出眾。

連載　美味創造者❸

昭和時代的餐桌上，總有飯桶的一席之地

文—高橋良枝　攝影—廣瀨貴子　翻譯—王淑儀

川又榮風與飛田和緒是同世代的人。

小時候，餐桌旁總是有個飯桶在那兒。剛煮好的米飯會在廚房裡從鍋子移到飯桶中，才端到餐廳。飯桶的蓋子一掀開，水氣與飯香立刻蒸騰而出，圍繞著每個肚子空空的家人。

曾幾何時，飯桶從日本人的餐桌上消聲匿跡了。於昭和四〇年代（1965～74年）結婚的我直到這次購買，才首次擁有飯桶。過去餐桌上有電鍋，即使缺少飯桶，生活裡也沒有什麼太大的不便。

喜歡白飯，擁有好幾個土鍋的飛田和緒說：「現在我們都是飯煮好後便直接端來吃，所以感覺不到飯桶存在的必要性，但如果把飯移到飯桶去，說不定會變得更好吃，我很想試試看。」

於是我們拜訪位於深川的木桶行「桶榮」。深川自江戶時代起就一直是工匠之鎮，過去有各行各業的匠師於此競爭較量，如今傳承古老技藝的工匠已不多見。

桶榮是有120餘年歷史，生產製作一種被稱為「江戶桶」的傳統木製飯桶之老店。一個飯桶從無到有需經過二十多道手作工法，如今由第四代的川又榮風繼承。

「三年前身為第三代的父親去世，之後就只有我一個人會做了。」

第一代是於明治二十年創業的川又新右衛門，第二代川又榮吉成為專做江戶桶匠師，第三代則是榮風的父親榮一。戰後，下町一帶成了焦土，當時失去一切生家財產的民眾會向他們訂做，因此不只是飯桶，連清洗用的水桶或是洗澡用浴桶等等各式桶類也都有。

「當時專做江戶桶的師傅稱為結桶師，自古便高人一等。也許是因為製作江戶桶需要高超技術，且做的又是飯桶，盛裝著對日本人有特殊意義的米飯。」

從前日本全國各地不論走到哪都能看到人家使用飯桶，還發展出具在地特色如秋田風、京都風的飯桶。桶榮所製做的飯桶則因為屬於江戶風而被稱為江戶桶，在形狀及木材厚度上都有微妙地不同。

「以柏樹為原料精心製作的江戶桶，形狀圓滿美觀，蓋子與桶身恰到好處地密合，這些都是江戶桶的特徵。」

今日的川又榮風擁有值得自滿的江戶匠師之技術，但是年輕時一直不覺得家傳的傳統技術有什麼了不起之處。

「我是到25歲左右才決心要走這行，而父親也贊成說『想做的話就來做啊』。」

桶榮出品的江戶桶是用柏樹的木材打造的。柏樹的優點是會散發怡人的香氣，但又不像檜木那樣強烈，因此不會影響到米

飯桶的內側要先打溼才放入米飯。「突然放進熱騰騰的飯，會嚇到木頭，所以得要先做這個動作，意思就像我們泡澡之前先沖熱水適應溫度一樣。」川又榮風說道。飛田和緒使用後的感想是：「現在飯桶都會出現在每天的餐桌上。它讓現煮的米飯變得更加美味，保溫效果也出乎意料的好，真是太驚人了。」

桶榮

〒135-0011　東京都江東區扇橋1-13-9　☎+81-3-5683-7838

三種飯桶。右起分別為4、5合用和非包覆式上蓋型，最推薦的是3合用。

裝上外筐疊起的飯桶。每經過一道工序都得要讓木材乾燥後再繼續施作下一步。

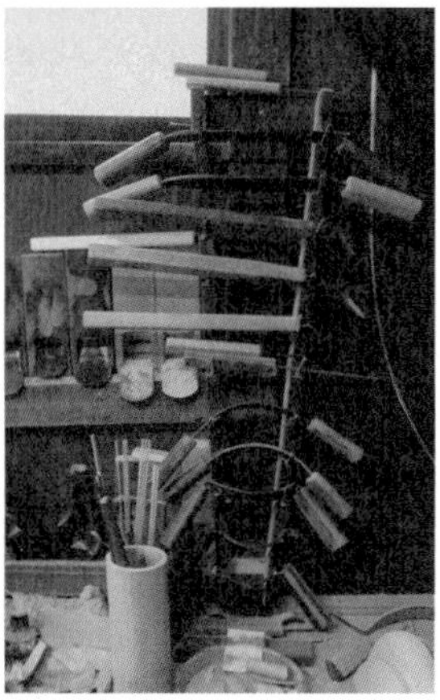

各種道具整齊排列的工作區。

光是刨刀就有10把以上，依不同目的使用。

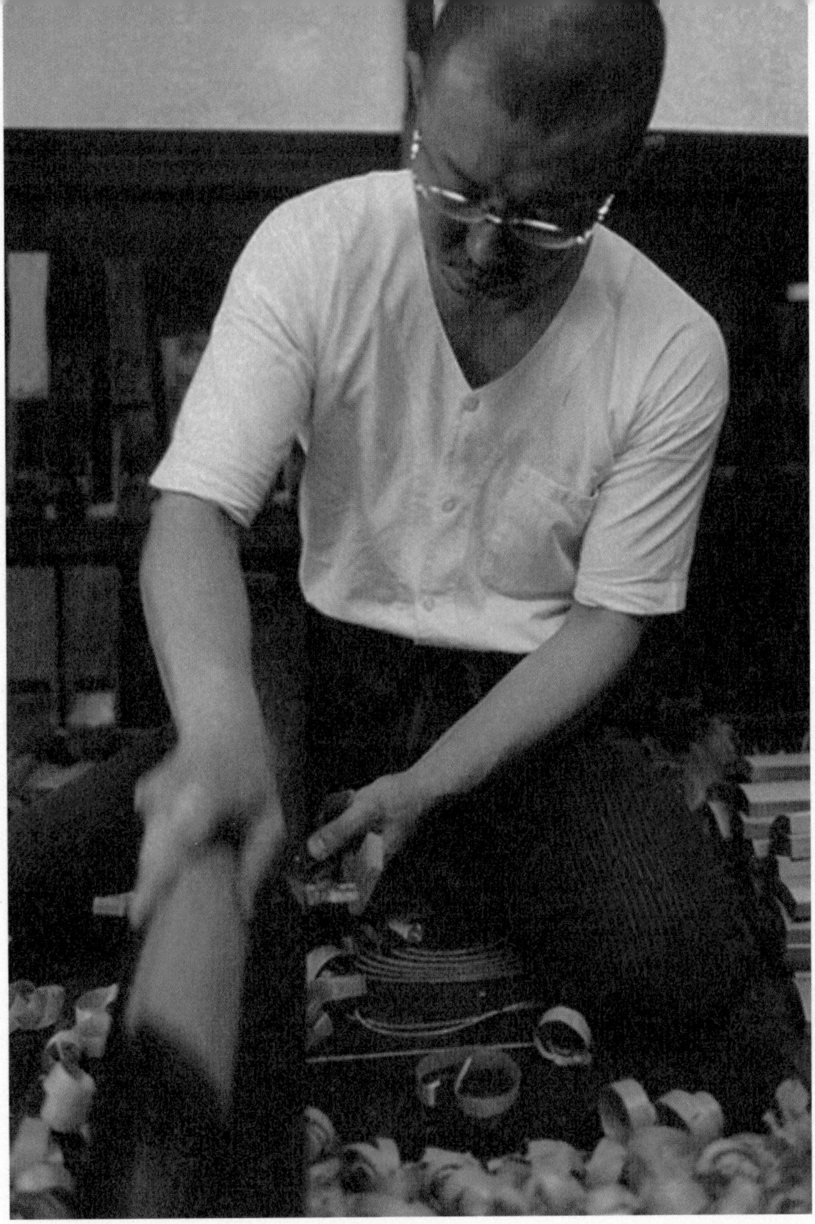

將要製成桶身的木板以專用的刨子在接面上修整，這道工序特別需要細心注意，川又榮風不時停下來確認。

操用刨刀時的認真表情，第四代傳人的氣勢表露無遺。

飯的風味，此外它耐水耐酸又不怕熱脹冷縮，是最適合做成飯桶的素材。」且據說也只有柏樹禁得起三百年的歲月洗禮，此外能做為飯桶的材料並不多。

「我們還是跟以前一樣的木材商買材料，但即使如此，他們一整個有如棒球場那樣寬廣的貯木場之中，也只挑得出5、6根原木可以適合我們使用。」

因此到了下一代也許沒有柏木可以用，而桶榮也將難以存續。川又榮風如預言似地說。即使有好木材、師傅使出渾身解數來製作，也未必保證能做出好產品。

「有時過度求好心切反成一種阻礙。」

因此他說至今仍未做出符合期待的作品，標準可是非常高。身為第四代傳人，也為江戶桶帶來新風格，箍住桶身的金屬環不僅是紅銅，也多了洋銀這項選擇。洋銀是鋅鎳銅合金，彼此熔接有難度，但成品堅硬不易彎曲、不易變色是一大特徵。

「我想創造出平凡但百年後仍適用的形狀。」川又榮風已望見遙遠的未來。他因為最近有些對生活有理念、有觀點的人也開始使用飯桶而感到有些欣慰。

我將買自桶榮的飯桶拿來裝飯、置於餐桌上，突然桌上有了新鮮的風景，而被吸走了多餘水分的米飯也好吃極了。

公文美和的攝影日記❾

美味日日

瀨戶內的旅館

瀨戶內的旅館

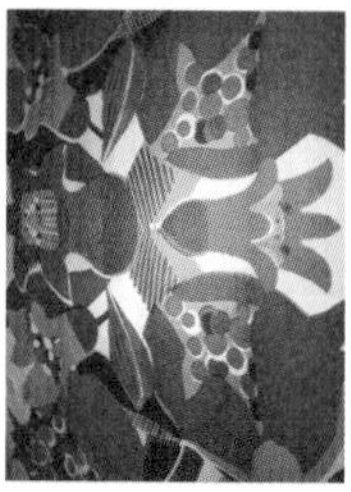

maane的作品展

做為《崖上的波妞》背景的港口

松子青醬，謝謝招待

攝影集裡的玫瑰樹

蓴菜

日本橋「大江戶」（日本料理店）

奶奶做的司康

春天的菜單

僕喜歡的東西

非常東京風格的街角

聰明的狗

美麗的色彩搭配

春天的沙拉

從旅館向外眺望

拍攝的會議

在谷中
買來做伴手禮的糖

巧克力禮物

旅館的喝茶區

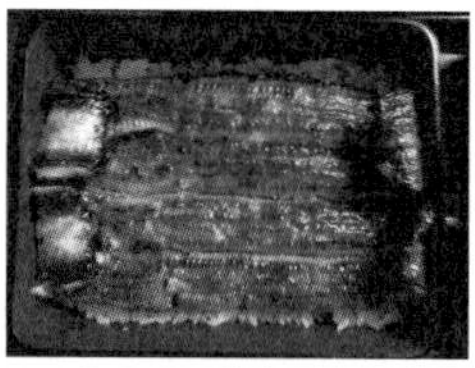

夏天就要吃鰻魚

凱蒂貓形狀的瑪德蓮

很漂亮的包裝

maane的午餐

maane的點心

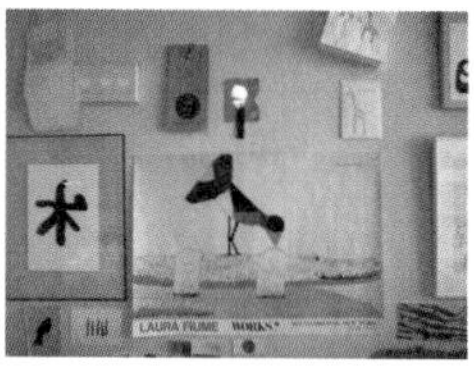

設計師的工作室

熊的抓痕

禮物的本體

薄荷味

在京都的購物

夏天蔬菜

天草石的地板

可麗露

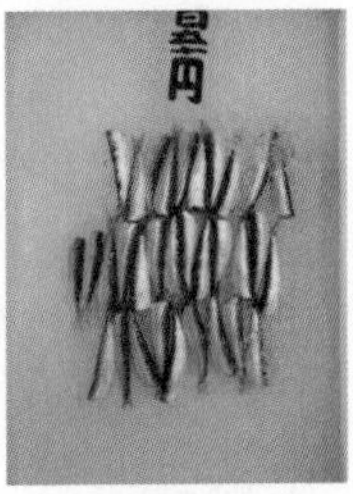
錦市場

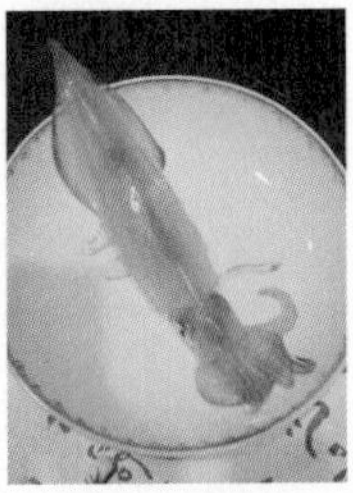
整隻很透明

海邊的旅館

插花好難啊！

戶隱神社

來自高知

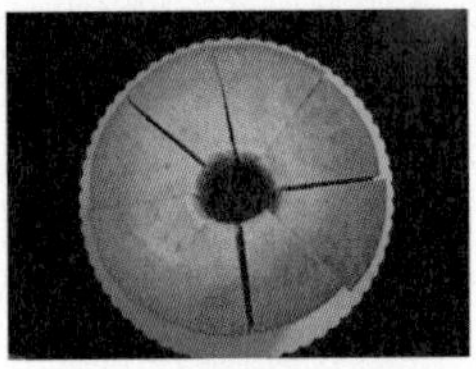
戚風蛋糕

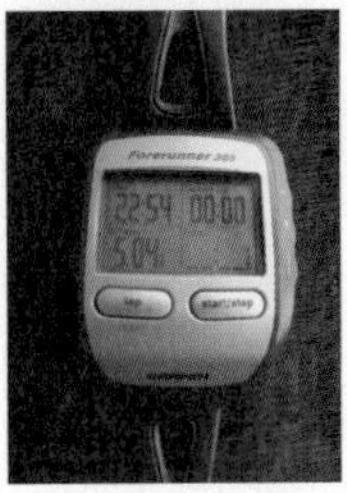
跑步者的手錶

水果的禮物

余志屋的地瓜稀飯

來自高知

喝茶時間

壹岐

薄荷茶

大廚!!

常做的番茄醬

想要來讀這本

壹岐

橄欖油燉番茄

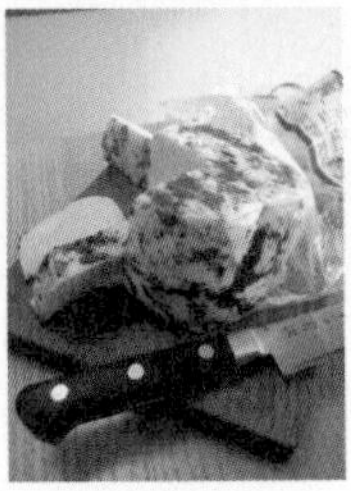
羅馬的起司

櫻桃

蜂巢

拍攝辛苦了

放了很多帕馬森乾酪

在水牛書店閱讀 在我愛你學田市集買新鮮蔬菜 品嚐美味料理

文—Frances　攝影—Evan Lin

去年去過水牛出版社在新屋鄉開設的書店，今年雖然得知他們在台北市的精華區瑞安街也開了一家水牛書店，卻遲遲沒有機會前往。

這次造訪，不但看到了不一樣的書店風貌，還發現開在書店隔壁的蔬果店和賣著法式風格料理的實驗廚房。

水牛出版社是許多五、六年級生對文化的記憶之一，當年許多滋養知識的來源，都是來自這家創辦於1966年的出版社，歷經多次變遷，曾任客委會主委的羅文嘉，在淡出政壇之後，接手了這家出版社。接手出版社之前，羅社長早已在老家桃園新屋鄉的農地耕耘，他的農地名為「我愛你學田」，將農作的收入用在偏鄉學校，為這些資源比城市不足的兒童，建立了英文班、打擊樂班，讓他們也有更多學習不同事物的機會。

在新屋鄉下的書店也不是以營利為目的，他們提供許多過去水牛出版社的書籍，以及各界捐贈的二手書，讓小朋友來這裡閱讀，甚至以換書作為閱讀的獎勵。而「我愛你學田」賣米的收入和城市書店的收入，就是要來支持這間鄉下的書店。

羅社長親自設計的空間，每一張桌子、椅子，甚至是復古的門窗，都是他與太太昭儀四處尋找、張羅的。

二〇一四年開在瑞安街新龍公園旁的水牛書店，是一間非常特別的書店，這裡不只銷售一些特殊選題的書，還設有沙發座、供應咖啡，甚至另闢一塊空間作為按摩區，提供啟明學校的學生來這裡實習、工作。

在尚未租下隔壁空屋前，每當回到鄉下，羅社長就會帶回當地農民們在田地旁種植的蔬菜，放在書店門口賣。這些蔬菜原本都是老農們自產自銷、或是種來自己吃的，為了幫助這些農民，羅社長開始幫忙銷售。因為是自己要吃的蔬菜，不會放農藥，外觀雖然沒有市面上

書店的空間很特別，一張大長桌，寬闊的空間，每到假日就會舉行一些小型的新書發表會、讀書會或是請繪本作家們來為小朋友說故事。水牛書店最顯眼的標誌就是門口這方稻田，它讓許多未曾親眼見過稻子的小朋友們特地駐足欣賞。現在種的秧苗，也是由羅社長帶小朋友們親手插秧的。

來的整齊美觀，但都是營養好吃的新鮮蔬菜。雖然旁邊就有安東市場，但還是有很多附近的婆婆媽媽，甚至是特地從其他地方來的人到這裡買蔬菜。

　而租下書店隔壁空屋之後，這些蔬菜就有了更多的展售空間。同時，因為他們向農人們進貨的蔬菜就算賣不完也不會再退回造成農人的困擾，當天氣越來越熱，蔬菜的保鮮成了一大問題，羅社長和太太也開始思考如何利用多餘的蔬菜。

　於是將展售蔬菜等作物的樓上空間作為「實驗廚房」，用來處理這些食材並和消費者交流。

　而這一切都是緣份，因為現在的主廚蘇彥彰，原本是念電影出身，在國立台南藝術大學念藝術研究所時，開了一家咖啡店，曾經出版過一本專業的咖啡書，畢業後跑到法國巴黎藍帶學校學習廚藝，在巴黎待了三年。後來法式料理主廚變成了一家日式烏龍麵的行政主廚，直到他要離開那個工作前，昭儀原先只是向他請教書店裡要賣的咖啡，後來請他當實驗廚房的顧問，幫忙規劃新租下的廚房與餐廳，就這樣離開原本的工作，成為「我愛你學田」實驗廚房裡的主廚了。

「以前作家李昂常找了很多名目邀大家到她家裡吃飯，請她的一個學生來料理，當時他還把這些料理都教我們做，後來才知道因為當時他剛開始工作，李昂想要幫助這個學生，透過請他來料理，讓大家出一些餐費作為他的收入。」昭儀回想起當初認識的經過。

主廚離開餐飲集團的工作到這裡，無非是想追求理想中的料理工作。這裡只使用當季的蔬菜，由主廚思考最適合表現食材的料理方式，因此菜單跟著季節變化，「我希望這裡就像自己家裡廚房一樣，只用現有的食材來料理，因此採每日限量供應，例如，魚料理，每天跟漁港進貨，只進當季盛產的魚種，為了追求最高的新鮮度，評估可能的客人數，只進少量，賣完就沒有了。」主廚蘇彥彰說。

昭儀非常喜歡這個設計簡單、可以讓人感到放鬆的用餐空間。

除了新鮮食材的料理，這裡也有另一道需要時間醞釀、主廚自慢的料理「白松露風味網脂香腸」，是自製的豬油網香腸，不用一般的腸膜來作香腸，而是用較難買到的豬油網，加了很多香料，如西班牙煙燻辣椒，做成像肉餅一樣的香腸，而料理時，香腸下面鋪的是燉白豆，加上西班牙洋蔥番茄醬和青醬、蛤蜊，所以這一鍋裡面堪稱山珍海味，是屬於南法的料理。

找一個時間，到水牛書店看看書，或者讓年輕的視障按摩師按摩舒壓，在「我愛你學田」吃一頓身體可以感覺的出新鮮與健康的料理，離開這裡的時候，身心都會滿足了吧！

說話非常有趣的主廚蘇彥彰，料理的創意也令人驚豔。

這些新鮮的蔬菜，便宜又健康。

這是收割下來還沒脫殼的稻穗，要買的時候才幫顧客脫殼，以維持米的香氣。

瑞安水牛書店、我愛你學田市集

台北市大安區瑞安街222巷2號1樓
☎02-27077003

新屋水牛書店

桃園縣新屋鄉中興路55號
☎03-4870393

義大利式「瘋狂烤魚」

■材料（4人份，蔬菜與香料份量隨個人喜好）

新鮮魚類（嫩的魚）一尾
洋蔥頭
蒜頭
番茄
各類香料（黑胡椒、百里香、茴香、羅勒等）
鹽
蛤蜊
白酒
橄欖油

■做法

將魚清洗乾淨。
魚以外的材料以鹽和胡椒調味。
番茄切開。
將部分材料塞入魚腹中。
留一點新鮮材料作為裝飾用，其他則是鋪在烤盤底部，並放進蛤蜊。
淋上白酒和大量橄欖油。
放入烤箱，以160～180度烤30～40分鐘
上桌前放上一些新鮮的蔬菜與香草，淋一點點橄欖油即可。

嶺貴子的生活花藝

夏日餐桌佈置

初夏時節，
讓花草用繽紛的色彩與生命力旺盛的姿態
迎接親愛的朋友來訪。

簡單的餐桌佈置，
這次不用普通的鮮花，而是以「能看又能吃」的植物為主題，
打造一個宛如身在花園裡的小宴會。
茴香、豌豆花、旱金蓮、各種香草植物和色彩鮮豔的花朵
在餐桌的各個位置兀自挺立。
青翠的沙拉、麵包和各種任君選擇的果醬，
加入紅色莓果的氣泡水裝在可愛的杯子裡，
這是大人小孩都會非常開心的一場輕食約會！

示範—嶺貴子　攝影—Evan Lin　文—Frances
場地・道具提供—小器生活道具（02-2559-6852）・
赤峰28（02-2555-6969）

這瓶子裡的植物，一般花店較少有，都是來自園藝植物的可食用花草，甚至沙拉葉都成了瓶中植物的一員，非常契合這次的宴會主題。
宴會結束，還可以連瓶子包起來送給客人帶回家。

裝在鹿兒島睦圖案透明玻璃杯的氣泡水，加上莓果和薄荷葉，看起來似乎更好喝了。

香草沙拉裡的旱金蓮，讓老是只有各種綠色葉子的沙拉增色不少。

嶺貴子
Mine Takako

出生於日本，目前居住台北。專業花藝老師。
2013年開設花店「Nettle Plants」。

Nettle Plants

位於生活道具店「赤峰28」一樓的花店。除了販售切花、乾燥花、各式花禮之外，不時也會開設花藝課程。相關開課內容請洽
contact@thexiaoqi.com
地址：台北市中山區赤峰街28號1樓
電話：02-2555-6969

巧克力薄荷、迷迭香、百里香、羅勒……幾種適合肉類料理的香草綁成一束，掛上welcome的牌子，可以食用的香草，除了當場拆下加入料理中，也可以直接整束帶回家，這是嶺貴子老師獨具創意的巧思。

34號的生活隨筆❼

酵素與水果酒

圖．文—34號

這陣子走火入魔似的，看到了什麼當季的好吃水果就打著釀成酵素或做成酒的主意，尤其是品質好的有機種植更不想錯過，而這一切都始於年初第一缸有機檸檬鳳梨酵素的成功。有機的水果、穀類果實、草本植物，與糖、空氣、加上生活裡的常駐菌，經過時間的轉化培養產出濃縮的酵素純釀，樂趣在於釀好收成前，每一次的味道都只能靠猜測想像，也許就是因為目前每次的成果都美味得很快喝光，才更想一罐一罐不停釀下去。

酒則是釀酵素的延伸了。記得小時候家裡廚房的流理台下總放著幾個巨大的玻璃缸，看起來顏色暗暗的，裡頭有些皺皺的果實，加上潮濕霉味，以及杓子撈出時的酒氣醺天，對孩童時候的我完全不具吸引力。長大後的我本就對手作食物有著濃厚的熱情與興趣，在成功釀出酵素後竟也在今年春天的青梅季節，開始考慮起自家泡酒的可能。在第一批有機青梅入手裝罐泡酒之後，蠢蠢欲動的想望讓我旋即又訂了第二批。就這樣，我的廚房流理台下也像幼時家裡一樣，擺了大大小小的瓶瓶罐罐。

初次泡梅酒的我，今年嘗試了以伏特加與有機青梅、冰糖共同泡製的原味梅酒，還同時泡了變化版的黑糖梅酒，以及白蘭地梅酒，隨著時間梅子從大大圓圓的逐漸因美味釋放而縮小，酒色也從清透慢慢染上琥珀金黃。手作食物的美妙就在這裡吧，親手挑選滿意的食材，透過雙手切洗、料理，加入自己的經驗、創意，成功的美味或失手的難以入口，都得經過一番步驟或時間才得以品嚐得到，然而有時結果不是最重要，而是這一連串的調理步驟早已帶給手作者最大的療癒。

剛剛入罐的酵素是有機檸檬、自家種植的百里香與綠紫蘇組成，據說能夠殺菌、促進食慾與預防中暑，恰恰適合即將迎來的夏天。而最近本土產水蜜桃正當時，找到了台東歷經十年自然農法無農藥、無化肥的水蜜桃，小巧飽滿的粉色果實們也已經與伏特加共泳，期待半年後開罐能得香氣撲鼻的佳釀。

日々・日文版 no.17

編輯・發行人——高橋良枝
設計——渡部浩美
發行所——株式會社 Atelier Vie
http：//www.iihibi.com/
E-mail：info@iihibi.com
發行日——no.17：2009年9月1日

日文版後記

或許很少人知道已經逝世40多年的作家山川方夫，但我很喜歡他那都會風格的細膩文章，以及可以感受到人類心底之難的極短篇。曾以新進員工身分在文藝部研習的我，因為協助的關係，得到約略在他過世前一年出版的《親愛的朋友們》這本書當贈禮。於是我擁有了作者題名給我的簽名本，這是我的珍寶。本期開頭刊登的散文是由山川綠所寫，她是與山川方夫僅度過九個月婚姻生活的妻子。

濱田市是一個擁有天空、海洋和綠地的美麗城市，我們在這裡遇到了很多人，大家既開朗又親切，宛如濱田市的自然一樣輕鬆愉快的人們。雖然很辛苦，卻是一趟快樂的旅行。美味的日本海魚和蔬菜讓人大滿足，加上濱田市位於成為世界遺產的「石見銀山」的西邊，所以到石見觀光的時候，請一定要順道去走走。（高橋）

日日・中文版 no.12

主編——王筱玲
大藝出版主編——賴譽夫
設計・排版——黃淑華
發行人——江明玉
發行所——大鴻藝術股份有限公司｜大藝出版事業部
台北市103大同區鄭州路87號11樓之2
電話：(02) 2559-0510　傳真：(02) 2559-0508
E-mail：service@abigart.com
總經銷：高寶書版集團
台北市114內湖區洲子街88號3F
電話：(02) 2799-2788　傳真：(02) 2799-0909
印刷：韋懋實業有限公司

發行日——2014年6月初版一刷
ISBN 978-986-90240-5-1

日日 / 日日編輯部編著. -- 初版. -- 臺北市 ：
大鴻藝術, 2014.06　48面；19×26公分
ISBN 978-986-90240-5-1（第12冊：平裝）
1.商品 2.臺灣 3.日本
496.1　　101018664

中文版後記

日前剛過了40歲的生日，與周遭朋友討論的主題慢慢地開始變成了理想的老後生活（笑）。而講到老後生活時，最常出現的掙扎也無非就是，到底應該住都市好？還是鄉下好？身為《日々》雜誌愛好者，嚮往的當然是如雜誌中般的美好鄉村生活，而也因為還無法馬上實踐，所以才不斷地翻看著這些雜誌幻想著未來的生活。

近年，日本許多高齡族，據說都慢慢地回到都市，主要還是醫療跟照護問題。過了生日之後，開始急迫地想著，如果不趕快下定決心，搞不好連搬去鄉下的機會都沒有，就又得回到都市來了，這是中年來臨所產生的危機感之一嗎？（江明玉）

大藝出版Facebook粉絲頁http：//www.facebook.com/abigartpress
日日Facebook粉絲頁 https：//www.facebook.com/hibi2012

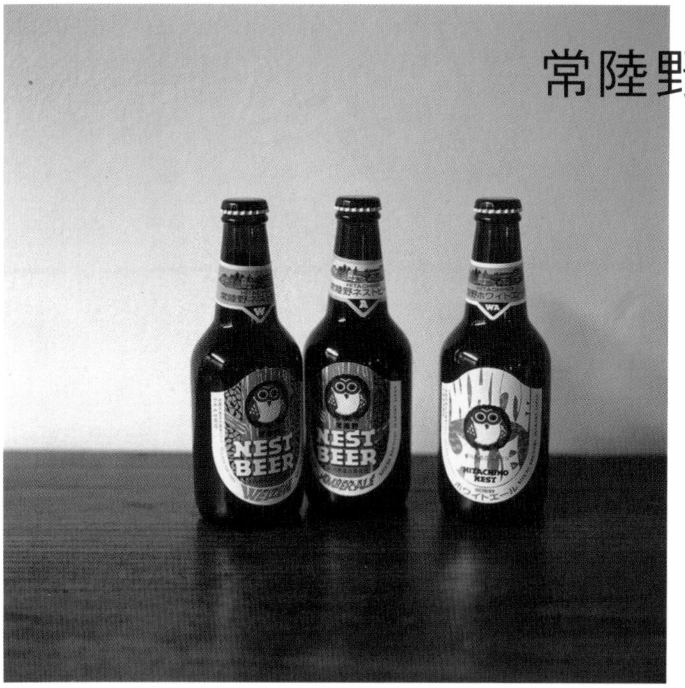

常陸野NEST BEER的貓頭鷹

文—久保百合子　攝影—公文美和
翻譯—Frances

酒標質樸的模樣很可愛。
酒瓶似乎也是相當正統。

這個夏天我光喝有氣泡的飲料。飛田和緒老師教我的純梅汁兌氣泡水香檳、啤酒當然一定是冰在冰箱裡，不過今年我還加上了小玻璃瓶的啤酒。一打開冰箱，就會被貓頭鷹黝黑的眼珠子盯著看。想也沒想就拿了一瓶打開來喝，圓圓的酒瓶蓋上面也是貓頭鷹的標誌，可愛到捨不得丟掉它。

因為是可以慢慢品味香氣和口感的麥酒（ale beer，譯按：酵母菌集中在發酵槽上層的啤酒，以高溫發酵），不像喝一般常見的拉格啤酒（Lager，譯按：即一般常見較清淡的啤酒）會大口大口灌下去，因此壓凹的瓶蓋也越集越多。

「常陸野NEST BEER」是貓頭鷹啤酒的本名，製造商是位於茨城縣那珂市的木內酒造，從我娘家開車到那裡大約一個小時的車程。幾年前和妹妹在開車的時候偶然發現這家店，沒想到本地竟然有這麼時髦的地方酒，一邊感動著一邊和家人大口暢飲，但也只有那時候而已。

之後，再遇到這個貓頭鷹啤酒，是在朋友的家裡。

「因為喜歡這個標誌。」

一邊睜著大眼凝視著這個標誌一邊說著這句話的她，是個喜歡酒與貓頭鷹的人。被她大力推薦的常陸野NEST BEER的貓頭鷹，在那天起就與我對上了眼，之後貓頭鷹啤酒就成了我家冰箱裡的常備品了。

我覺得品牌標誌使用動物圖樣的啤酒相當少見，當我去詢問為什麼用貓頭鷹來當標誌呢？似乎是因為這家公司曾經位在名為鴻巣的地方，巢就想到鳥，鳥就想到貓頭鷹的緣故。

這解釋好像令人似懂非懂……。一定是社長喜歡貓頭鷹吧，我擅自找了這個理由來說服自己！我覺得，喜歡貓頭鷹的不會是壞人。

譯按：根據木內酒造的網站說明，木內酒造的歷史是從1823年，由在常陸國那珂郡鴻巢村的村長木內儀兵衛起家的。

木內酒造合資會社
http://www.kodawari.cc/

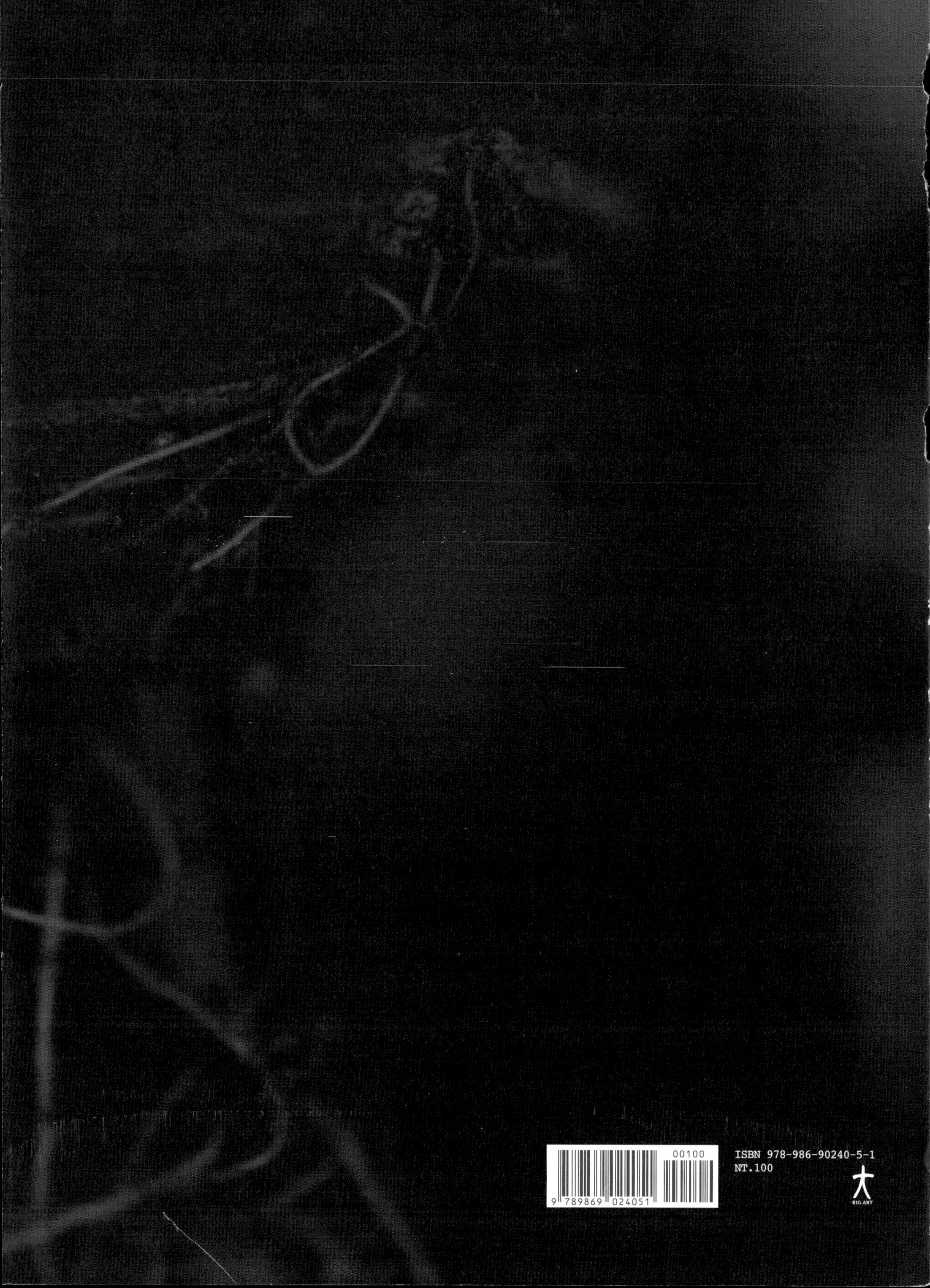

ISBN 978-986-90240-5-1
NT.100